AF342762

DE LA DÉLIMITATION

DU RIVAGE DE LA MER

ET DE L'EMBOUCHURE

DES FLEUVES ET RIVIÈRES

PAR

M Léon AUCOC

MEMBRE DE L'INSTITUT
ANCIEN PRÉSIDENT DE SECTION AU CONSEIL D'ÉTAT

(Extrait des Annales de l'École libre des Sciences politiques.)

PARIS

FÉLIX ALCAN	Vᵉ CH. DUNOD
Libraire-éditeur	Libraire-éditeur
108, BOULEVARD SAINT-GERMAIN, 108	49, QUAI DES AUGUSTINS, 49

1887

DE LA DÉLIMITATION

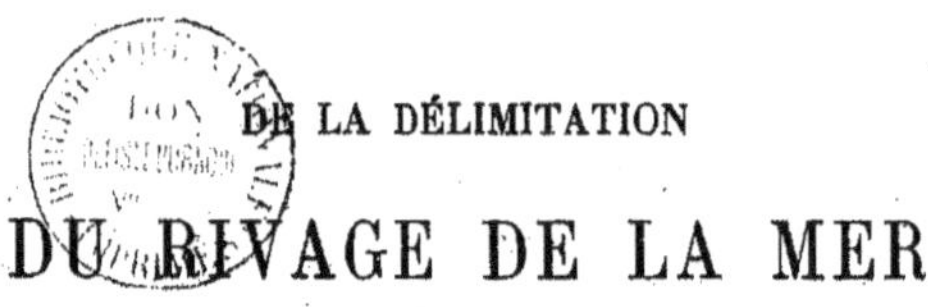

DU RIVAGE DE LA MER

ET DE L'EMBOUCHURE

DES FLEUVES ET RIVIÈRES

DU MÊME AUTEUR

Conférences sur l'administration et le droit administratif, faites à l'École des ponts et chaussées. 4 vol. in-8.

TOME I. — *Organisation et attributions des pouvoirs publics.* 3ᵉ édition.

TOME II. — *Règles générales relatives à l'exécution des travaux publics. — Service des ponts et chaussées. — Finances publiques. — Marchés et concessions. — Dommages. — Expropriation. — Plus-values. — Associations syndicales.* 3ᵉ édition.

TOME III. — *Des routes nationales et départementales. — Des ponts et des bacs. — Des chemins de fer d'intérêt général et d'intérêt local. — Des tramways.* 2ᵉ édition.

TOME IV. — *De la voirie vicinale et urbaine. — Des eaux.* (En préparation.)

Coulommiers. — Imp. P. BRODARD et GALLOIS.

DE LA DÉLIMITATION

DU RIVAGE DE LA MER

ET DE L'EMBOUCHURE

DES FLEUVES ET RIVIÈRES

PAR

M. Léon AUCOC

MEMBRE DE L'INSTITUT
ANCIEN PRÉSIDENT DE SECTION AU CONSEIL D'ÉTAT

(Extrait des Annales de l'École libre des Sciences politiques.)

PARIS

<table>
<tr><td>FÉLIX ALCAN
Libraire-éditeur
108, BOULEVARD SAINT-GERMAIN, 108</td><td>Vᵉ CH. DUNOD
Libraire-éditeur
49, QUAI DES AUGUSTINS, 49</td></tr>
</table>

1887

DU RIVAGE DE LA MER

ET DE L'EMBOUCHURE DES FLEUVES ET RIVIÈRES.

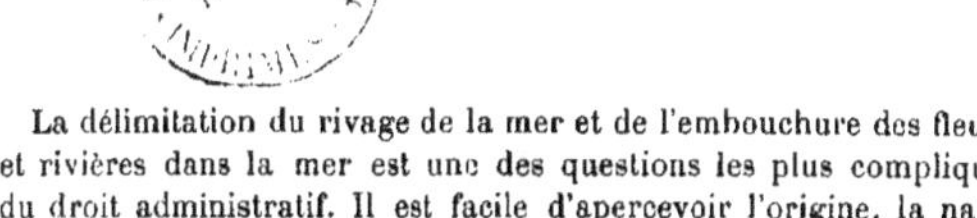

La délimitation du rivage de la mer et de l'embouchure des fleuves et rivières dans la mer est une des questions les plus compliquées du droit administratif. Il est facile d'apercevoir l'origine, la nature et l'intérêt des difficultés que cette question soulève.

D'abord, et ceci est un trait commun à une grande partie de la législation sur les eaux, les textes de loi sur lesquels on peut se fonder pour trancher le débat qui s'élève entre la propriété publique et la propriété privée, pour fixer la limite qui les sépare, sont rares et incomplets. C'est dans quelques lignes de l'ordonnance sur la marine du mois d'août 1681, qu'on trouve une définition du rivage de la mer. L'application de ce texte, qu'il a fallu compléter par un emprunt au droit romain, avait donné lieu, avant 1789, à de vives controverses lorsqu'il s'agissait de fixer le rivage à l'embouchure des fleuves. La législation postérieure n'a pas fourni les éléments nécessaires pour éviter le retour des discussions entre les défenseurs de la propriété privée et les défenseurs des droits de l'État, dont le zèle pour l'intérêt public dépasse parfois la mesure. Il est bien intervenu, en 1852, quelques dispositions législatives nouvelles qui ont réglé la compétence des autorités administratives et qui ont servi de point de départ à de très nombreuses décisions préparées par le ministère de la marine ou par le ministère des travaux publics avec le concours du conseil d'État, mais elles n'ont rien changé, ni rien ajouté pour le fond de la matière. La jurisprudence a dû, par suite, suppléer au silence du législateur et créer la loi au lieu de se borner à l'appliquer. La variété des faits qui se produisent sur l'étendue considérable des côtes de la France, et qui tient à la nature et à la configuration des terrains où les fleuves et les rivières viennent se jeter dans la mer, a conduit à des solutions qui, dans certains cas, paraissent contradictoires. La jurisprudence administrative, généralement peu connue, n'est pas toujours d'accord avec les règles posées par les arrêts, peu nombreux

1

d'ailleurs, du conseil d'État statuant au contentieux; elle l'est encore moins avec les arrêts de la cour de cassation. Au milieu de ces contradictions, il n'est pas toujours facile de dégager les principes.

On comprend, d'autre part, que le bornage de la propriété publique et de la propriété privée présente des difficultés particulières quand il s'agit non plus d'appliquer des titres, mais de vérifier des faits sujets à des variations sensibles, comme l'action des eaux, et particulièrement de rechercher non la moyenne des faits durant une certaine période, mais une sorte de maximum qui n'est censé se produire qu'une fois par an : le plus grand flot de mars pour l'Océan, le plus grand flot d'hiver pour la Méditerranée et qui peut, d'une année à l'autre, être modifié par des circonstances exceptionnelles.

La solution peut être déjà délicate pour une grève baignée exclusivement par les eaux de la mer; mais elle le devient bien davantage pour les terrains riverains de l'embouchure où les eaux d'un fleuve ou d'une rivière se mêlent à celles de la mer. Avant de rechercher où se trouve le rivage, il faut d'abord examiner où finit le fleuve, où commence la mer.

L'administration croit de son devoir de revendiquer tous les terrains qui, d'après les principes généraux, lui paraissent rentrer dans le domaine public, et elle est portée à considérer comme une usurpation toute occupation par les particuliers de ce domaine, inaliénable et imprescriptible. Mais précisément parce que, sur beaucoup de points, les faits ont varié suivant les époques et que les limites sont incertaines, elle se trouve souvent en présence de possessions fort anciennes, fondées sur des titres privés ou même sur des titres émanés de l'État. Les particuliers ne se résignent pas volontiers à être dépossédés de terrains qu'ils ont acquis par des ventes ou des héritages et pour lesquels l'État leur a pendant longtemps fait payer l'impôt. Leur émotion s'accroît quand ils voient, ce qui arrive parfois, que cette revendication du domaine public, fondée sur une délimitation tracée d'après un fait unique dans l'année, a pour but non pas de consacrer les terrains litigieux au service public, mais de les remettre entre les mains de l'administration des domaines qui se propose, soit de les concéder, soit de les louer, de façon qu'ils ne rentrent dans le domaine public que pour en sortir. Les particuliers perdraient d'ailleurs tout espoir de voir les terrains leur revenir dans le cas où ils seraient abandonnés par les eaux. Le régime des alluvions, des lais et relais, est en effet tout différent pour les rives des fleuves et pour le rivage de la mer. Quand un fleuve abandonne une partie de son lit par un mouvement naturel et lent, l'alluvion est attribuée au propriétaire riverain par l'article 556 du code civil, bien que le lit d'où elle sort fît partie du domaine public. Le législateur a voulu compenser ainsi la corrosion pratiquée souvent par les eaux courantes et la servitude du chemin de halage. Au contraire les lais et relais de la mer sont attribués au domaine de l'État par l'article 538 du même code, combiné avec l'article 41 de la loi du 16 septembre 1807. Les riverains des fleuves peuvent gagner ou perdre ; les riverains de la mer n'ont que des chances de perte. L'État a donc intérêt à soutenir que la mer remonte dans l'intérieur des fleuves et rivières ; et les riverains ont intérêt à soutenir que le fleuve conserve son existence propre et son caractère, même dans les parties les plus larges de son embouchure, malgré le mélange de ses eaux avec celles de la mer.

Ce ne sont pas seulement les droits de l'État représentant le domaine public et ceux des particuliers qui soulèvent des débats compliqués. Il n'y a pas eu moins de contestations sur la question de savoir à quelle autorité il appartenait de trancher ces litiges. L'autorité administrative, chargée de la conservation du domaine public, réclame le droit d'en fixer les limites. L'autorité judiciaire, chargée de statuer sur les droits de propriété revendiqués par les particuliers, même à l'encontre de l'État, prétend avoir sa part dans le jugement, sinon le pouvoir de statuer sur la totalité d'un litige dont la solution peut entraîner l'absorption par l'État de la propriété privée. La controverse qui a divisé pendant longtemps le conseil d'État et la cour de cassation a donné successivement naissance à plusieurs combinaisons différentes dont la dernière, consacrée par le tribunal des conflits depuis 1873, soulève encore des objections de la part de jurisconsultes autorisés. C'est une des rares décisions de ce tribunal qui aient contredit la jurisprudence du conseil d'État.

Tel est le sujet que nous nous proposons de traiter dans cette étude.

I

Le rivage de la mer est compris par l'article 538 du Code civil parmi les parties du territoire français non susceptibles de propriété privée, qui forment des dépendances du domaine public. On trouve le même principe dans l'article 1er de la loi des 22 novembre — 1er décembre 1790. Mais ces textes ne donnent pas la définition du rivage de la mer. Il faut aller chercher cette définition dans l'article 1er du titre VII (livre IV) de l'ordonnance sur la marine du mois d'août 1681 ainsi conçu : « Sera réputé bord et rivage de la mer tout ce qu'elle couvre et découvre pendant les nouvelles et pleines lunes et jusqu'où le grand flot de mars se peut étendre sur les grèves. »

Cette définition se trouvait déjà dans les ordonnances du 27 février 1534 et du 12 février 1396. Valin, dans son commentaire de l'ordonnance de 1681, fait remarquer qu'elle est plus exacte que celle de la loi romaine : *Littus est quo usque maximus fluctus a mari pervenit* (*leg.* 96 et 112, *de verborum significatione*), définition reprise par les *Institutes* de Justinien (livre II, titre Ier, § 3), en ces termes : *Est autem littus maris quatenus hibernus fluctus maximus excurrit*. Il fait valoir que « les hautes marées arrivent chaque mois, à la nouvelle et à la pleine lune et que, des marées des équinoxes et des solstices qui sont encore plus hautes, celle de l'équinoxe de mars l'emporte [1] ».

Les observations scientifiques, sur lesquelles Valin se fondait pour approuver les auteurs de l'ordonnance de 1681 d'avoir corrigé les lois romaines, sont-elles absolument exactes? Cela pourrait être contesté. Récemment dans un procès engagé devant le conseil d'État statuant au contentieux au sujet de la délimitation du rivage de la mer dans la baie de la Seine, procès terminé par un arrêt du 10 mars 1882, sur lequel nous reviendrons, une commission du conseil d'État, déléguée pour vérifier les faits contestés, déclarait, par l'organe de M. le vice-amiral Bourgois, son rapporteur, que « le grand flot de mars est souvent dépassé en hauteur par d'autres marées, sans que celles-ci soient favorisées par des circonstances météorologiques, telles que de forts vents du large accompagnés par une baisse marquée du baromètre, et qu'ainsi, sans remonter au delà de dix années, on trouve qu'il y a eu, au Hâvre, en 1871, treize marées supérieures de un décimètre à la grande marée de mars de la même année; en 1872, six; en 1873, trois, en 1874, vingt, en 1875, une, en 1877, deux.

« Cette dérogation apparente aux lois vulgairement admises s'explique, dit-il, par les lois mêmes qui président au mouvement des marées. Parmi les causes astronomiques nombreuses qui influent sur leurs hauteurs, les phases de la lune, la distance absolue du soleil à la terre et la déclinaison du soleil et de la lune sont les plus énergiques. Lorsque l'équinoxe du printemps, le plus rapproché du périgée, suit d'un jour ou deux une syzygie et qu'en même temps la lune est dans le voisinage de l'équateur, les principales conditions astronomiques sont réunies pour donner au grand flot de mars la plus grande hauteur de toute l'année; mais il arrive parfois que ce soit une quadrature qui arrive un jour ou deux après l'équinoxe ou qu'à ce moment la lune ait une forte déclinaison. Alors les influences qui, dans le premier cas, concouraient toutes à augmenter la hau-

1. Valin, t. II, p. 572.

teur de la marée, se contre-balancent en partie et le grand flot de mars peut avoir une hauteur inférieure à celle de plusieurs autres marées de l'année. »

Malgré cette critique, le texte de l'ordonnance du mois d'août 1681 conserve son autorité légale, et il est incontestable qu'on n'aurait pas à tenir compte d'une marée supérieure à celle du plus grand flot de mars, sur les rivages où ce texte est applicable. Mais on a reproché justement à l'ordonnance d'août 1681 d'avoir statué exclusivement d'après les faits qui se produisent sur les côtes de l'Océan et de la Manche et de n'avoir pas tenu compte de ce que, dans la Méditerranée, où l'influence de la marée est très faible, le plus grand flot de mars n'est jamais celui qui s'avance le plus sur les grèves. Les législateurs romains, qui statuaient en vue de la Méditerranée, s'attachaient au plus grand flot d'hiver. Avant 1789, on avait continué à suivre la loi romaine sur les bords de la Méditerranée, malgré l'ordonnance de 1681. Merlin, dans ses *Questions de droit*, le constate en considérant la tradition comme maintenue en vigueur : « Ainsi, dit-il, nous ne devons observer la disposition de l'ordonnance de 1681 que par rapport à l'Océan, et suivre, à l'égard de la Méditerranée, ce que prescrivent les lois romaines [1]. » Il y a un accord complet sur ce point entre les auteurs [2], et la jurisprudence administrative est établie dans le même sens. Le ministre de la marine le constate expressément dans sa circulaire du 21 février 1853, et dans l'instruction plus détaillée du 18 juin 1864 (§ 7), écrite pour guider les commissions qui sont chargées de préparer la délimitation du rivage de la mer. Un arrêt du conseil d'État du 27 juin 1884 (*ville de Narbonne*) a consacré cette doctrine.

Valin ajoutait : « Mais par rapport au rivage, il ne faut entendre que la partie jusqu'où s'étend ordinairement le grand flot de mars, laquelle partie est facile à reconnaître par le gravier qui y est déposé, et nullement l'espace où parvient quelquefois l'eau de la mer par les coups de vent forcés, causes et suites, tout à la fois, des ouragans et des tempêtes. » Et il invoquait en ce sens un arrêt du parlement d'Aix du 11 mai 1742.

Cette observation si juste est encore aujourd'hui la règle de la jurisprudence administrative. Le ministre de la marine le constate dans

---

1. *Questions de droit* : V° *Rivages de la mer*.
2. Voir Dalloz, *Répertoire*, V° *Domaine public*, n° 28, et les auteurs cités. — Voir aussi Chalvet, *Aperçu sur la législation des bords de la mer*, inséré en 1861 dans le *Journal de droit administratif*, n° 25. — Plocque, *De la mer et de la navigation maritime*, n° 168. — Fournier, *De la domanialité publique maritime*, inséré dans la *Revue maritime et coloniale* en 1878, t. LVII, p. 576.

son instruction du 18 juin 1864, aux §§ 8 et 9. « L'expression de plus grand flot d'hiver, dit-il, est synonyme de plus grande vague. Cette vague forme généralement sur les plages, aux extrémités atteintes, un bourrelet parfaitement accentué, que l'on admet comme formant la limite du rivage sur le littoral méditerranéen. Il ne faut pas confondre le grand flot de mars ni le plus grand flot d'hiver avec le plus grand flot de tempête. Le devoir des commissions est de rechercher uniquement et de constater le point que les vagues d'hiver atteignent ordinairement. »

Assurément il faut reconnaître que le lit de la mer, comme celui des fleuves, est sujet à se déplacer et que si l'homme sait, à certains jours, faire sur la mer et les fleuves des conquêtes, la mer et les fleuves font à leur tour des conquêtes sur le domaine que l'homme s'est approprié. Dans ce cas, il n'est pas possible de ne pas constater le fait et de ne pas en tirer les conséquences. Ainsi la cour de Douai a jugé avec raison, par un arrêt du 10 janvier 1842, que 500 hectares de terrain appartenant au comte de Rocquigny et qui étaient envahis, non seulement par le grand flot de mars, mais par les marées de vive eau, et qui étaient couverts par le flot pendant quatre-vingt-seize jours de l'année étaient devenus, par suite de ces envahissements per-manents des flots, une partie du rivage de la mer sur laquelle l'ancien propriétaire ne pouvait plus exercer aucun droit [1].

Mais une pareille transformation ne se produit que par un envahissement permanent des flots et non par un fait accidentel.

Il ne suffit donc pas d'écarter, comme le demandait Valin, le résultat des tempêtes. Ce n'est pas le point que le plus grand flot de mars ou la plus haute vague d'hiver a atteint dans l'année où se fait la délimitation qu'il s'agit de rechercher. C'est le point que les plus hautes vagues atteignent ordinairement. Le ministre de la marine le dit expressément dans le passage cité plus haut de son instruction du 18 juin 1864, § 9, et sa décision a ici une autorité incontestable puisqu'elle limite les droits de l'État qu'il est chargé de défendre.

Aussi bien le conseil d'État au contentieux a consacré cette règle de la façon la plus formelle dans un arrêt du 10 mars 1882 (*Duval et autres*). Appelé à statuer sur la réclamation de riverains de la baie de la Seine contre deux décrets dont l'un fixait les limites de la mer et de la Seine dans cette baie, dont l'autre déterminait le rivage de la mer le long de la partie de cette baie qui était considérée comme une dépendance de la mer, il a maintenu le premier (c'est un point sur lequel nous reviendrons plus tard), mais il a annulé le second. Les

1. Dalloz, *Répertoire*. V° *Domaine public*, n° 31.

riverains soutenaient principalement que les terrains dont le décret de délimitation les dépouillait étaient des alluvions fluviales; subsidiairement qu'ils n'étaient pas couverts habituellement par le grand flot de mars. Une commission spéciale avait été déléguée par le conseil d'État au contentieux pour vérifier à nouveau les faits. Après le savant rapport de M. l'amiral Bourgois, conseiller d'État, dont nous avons déjà cité un passage, il a été jugé « que la marée observée en mars 1873, qui avait servi de base à la décision attaquée par les riverains, avait été influencée par des circonstances météorologiques exceptionnelles sans lesquelles le flot n'aurait pas atteint la hauteur où il était parvenu, et qu'il suivait de là que la délimitation avait pu avoir pour effet de comprendre dans le rivage de la mer des terrains qui n'étaient pas habituellement couverts par le grand flot de mars dans le sens de l'article 1er du titre VII du livre IV de l'ordonnance d'août 1681, sur la marine [1]. »

En vue d'assurer l'application exacte de cette règle, le ministre de la marine, dans une circulaire, en date du 16 janvier 1882, a prescrit aux commissions de délimitation de donner, dans leurs procès-verbaux, des renseignements sur les conditions météorologiques dans lesquelles se font les opérations : en particulier, sur l'état de la mer, la force et la direction du vent, ainsi que la hauteur de la marée, s'il existe dans le voisinage un marégraphe qu'elles soient à portée de consulter.

Il peut sembler regrettable qu'on ait attendu jusqu'à 1882, pour ajouter cette prescription à celles que contiennent les instructions précédentes. Mais il ne faut pas croire, on l'a vu, qu'il y ait là autre chose qu'un moyen nouveau d'appliquer des principes anciens.

Plus d'une fois les commissions chargées de préparer les décrets de délimitation, composées de fonctionnaires placés habituellement à des points de vue différents, appartenant les uns à la marine, les autres à la guerre, d'autres à l'administration des domaines et à celle des douanes, d'autres enfin au corps des ponts et chaussées, ont été tentées de ne pas s'appliquer minutieusement à retrouver sur le terrain les sinuosités trop nombreuses de la ligne atteinte par la plus haute vague. Les ingénieurs des ponts et chaussées surtout, habitués à tracer des plans d'alignement des routes, soutenaient qu'on simplifierait la décision et les mesures d'application qui devaient la suivre en traçant une série de lignes droites qui se rapprocherait le plus possible de la laisse des hautes mers sans en être la reproduction exacte.

---

1. Il faut consulter dans le *Recueil des arrêts du conseil d'État* les remarquables conclusions données par le commissaire du gouvernement, M. Le Vavasseur de Précourt, à l'occasion de cette affaire.

Mais ce système entraînait à sacrifier ou les droits de l'État ou les droits des propriétaires riverains. Dès 1859, le ministre de la marine décidait que les commissions devaient tenir un compte aussi exact que possible des sinuosités que la mer trace sur la côte et il a reproduit cette règle dans son instruction du 18 juin 1864 (§ 9).

Le ministère de la marine n'a pas seul le mérite de la modération qui inspire cette jurisprudence. Une part en revient aux avis donnés par la section de la guerre et de la marine du conseil d'État ou par l'assemblée générale du conseil sur les nombreux projets qui lui ont été soumis, et le conseil d'État au contentieux a été obligé, on vient d'en voir un exemple, d'accentuer encore davantage une des règles essentielles qui protègent la propriété privée sans rien enlever d'ailleurs de légitime aux droits de l'État.

II

Le rivage des étangs salés est-il le rivage de la mer? Ici commencent les distinctions et les vraies difficultés.

En général, les auteurs tranchent cette question en quelques mots, à l'aide de rares arrêts de la Cour de cassation. Si l'étang salé est en communication directe et permanente avec la mer, il en forme une dépendance. Dans le cas contraire, il est une propriété privée. D'un côté le principe, de l'autre l'exception.

Il s'agit ici d'une question spéciale à certains départements du midi de la France. Il existe sur les bords de la Méditerranée, notamment aux environs de Narbonne, de Cette, d'Aigues-Mortes, des embouchures du Rhône et de Marseille, des étangs salés, les uns fort considérables et qui forment de petites mers intérieures, comme l'étang de Berre et l'étang de Thau, les autres d'une étendue beaucoup moindre, mais beaucoup plus nombreux. Ces étangs alimentent fréquemment des salins où se fabrique, chaque année, une quantité considérable de sel. Plusieurs de ces établissements ont une origine fort ancienne, par exemple les salins de Peccais, près d'Aigues-Mortes, qui ont fait partie du domaine royal.

Quand on étudie de près cette question, comme nous l'avons fait dans un mémoire présenté à l'Académie des sciences morales et politiques en 1882 [1], on reconnaît que la plus grande partie des étangs salés, dont le nombre dépasse soixante-dix, n'est pas en communication directe et permanente avec la mer, qu'elle est par suite en

1. Ce mémoire a été inséré dans le *Compte rendu des travaux de l'Académie des sciences morales et politiques*, publié par M. Ch. Vergé, en 1882, t. II, p. 773.

dehors du domaine public, que cette exception s'applique même à des étangs qui communiquent avec la mer et que les droits des particuliers et des communes qui en sont propriétaires, droits justifiés par des circonstances physiques et historiques toutes spéciales, fondés sur des titres réguliers, sur des décisions de la justice, ont été reconnus par l'administration de la marine et par l'administration des domaines représentant l'État.

Cette situation juridique assez anormale des étangs salés s'explique d'abord par leur origine et leur constitution physique. Nous demandons la permission de reproduire ici le résumé très bref des renseignements que nous avons puisés dans diverses études historiques ou dans des travaux techniques dus à d'habiles ingénieurs des ponts et chaussées [1].

Le littoral du golfe de Lyon (ou du Lion) a subi, à des époques très anciennes, de profondes transformations qui ont créé, sur beaucoup de points, un double rivage et formé par suite les étangs salés.

Les géologues attribuent ce fait, semblable à celui qui s'est produit à l'embouchure du Nil et du Pô et sur d'autres rivages, à l'apport des sables et limons charriés par les fleuves dans une mer sans marée, qui laisse les dépôts s'accumuler et les repousse ensuite vers la côte avec les sables de la plage par l'action des vagues et des courants. On a calculé que le Rhône apporte chaque année à la mer 21 millions de mètres cubes de limons. À l'embouchure même du fleuve, le bourrelet d'alluvions forme des îlots qui divisent ses eaux en plusieurs bras. Devant ces îlots, qui sont bientôt des îles, et sur d'autres points du rivage, se crée un cordon littoral qui constitue des baies dont l'entrée devient de plus en plus étroite. On voit là l'origine du delta du Rhône et celle des étangs salés. La cause qui a formé les étangs salés tend sans cesse à les modifier. Les fleuves, qui ont contribué par les limons qu'ils charriaient à fournir les éléments du rivage de l'étang, contribuent, par de nouveaux dépôts, à exhausser le fond et à faire de la lagune vive une lagune morte. L'étang reste alors en communication avec la mer par des ouvertures plus ou moins larges que les eaux pratiquent dans le rivage et qui, après avoir été permanentes, ne sont plus que temporaires et finissent par disparaître complètement. Dans ce

---

1. Nous avons consulté l'*Aperçu historique sur les embouchures du Rhône*, publié en 1866 par Ernest Desjardins dont l'Académie des inscriptions et belles-lettres vient d'avoir à déplorer la perte, — les ouvrages de M. Lenthéric, sur *les villes mortes du golfe de Lyon*, sur *la Grèce et l'Orient en Provence*, sur *la Provence maritime* et sur *la région du bas-Rhône*, — le mémoire de M. Poulle sur *la Camargue*, ceux de M. Surell sur *l'amélioration des embouchures du Rhône et sur la Camargue*, ceux de M. Régy sur *l'amélioration du littoral de la mer Méditerranée dans le département de l'Hérault*.

dernier cas, l'étang peut recevoir encore les eaux de la mer qui, poussées par la tempête, franchissent le cordon littoral, ou bien celles qui pénètrent par des infiltrations. Mais il arrive parfois que toute communication cesse et qu'il n'a plus à vivre que de son propre fonds.

Quelques arrêts de la Cour de cassation sont de nature à induire en erreur sur la condition physique et sur la condition légale des étangs salés, par des affirmations trop générales. Ainsi un arrêt rendu en 1842, assimilant les étangs salés à la mer au point de vue de la police de la navigation, en donne la définition suivante : « Une baie communiquant à la mer par une issue plus ou moins étroite et qui en est une partie intégrante, formée des mêmes eaux, peuplée des mêmes poissons et soumise par conséquent aux mêmes mesures de police [1]. »

Un autre arrêt de 1865 décide que « les étangs salés font partie intégrante de la mer; que leurs rivages, comme ceux de la mer, font partie du domaine public, et sont, à ce titre, destinés à l'usage public sans pouvoir être aliénés [2] ».

La décision de la Cour de cassation était bien fondée pour les étangs de Leucate et de Mauguio dont il s'agissait dans les affaires au sujet desquelles ont été rendus les arrêts de 1842 et de 1865. C'est aussi avec raison que le conseil d'État a considéré que l'étang de Bages était une dépendance de la mer et a réprimé une usurpation commise sur le rivage de cet étang [3]. Il en est de même pour l'étang de Gruissan, dont la délimitation a été confirmée par un arrêt du 27 juin 1884 (*ville de Narbonne*). Mais ces décisions ne doivent pas être généralisées sans réserve. D'abord il y a des étangs salés qui ont cessé d'être en communication avec la mer et d'être navigables, et qui, après avoir fait partie autrefois du domaine public, ont perdu leur caractère, de même que les rivages de la mer, lorsqu'ils cessent d'être baignés par le plus grand flot de mars ou le plus grand flot d'hiver, deviennent des lais et relais de la mer et passent dans le domaine de l'État, d'où ils peuvent passer par des titres ou par la prescription dans le domaine privé. C'est ce que la Cour de cassation a reconnu, après la cour de Montpellier, à l'égard de l'étang du Grec [4], et il y a beaucoup d'exemples d'une situation pareille.

Mais la propriété privée peut s'étendre aussi, dans des circonstances spéciales, à des étangs salés qui communiquent encore avec la mer

<hr>

1. Cassation, ch. crim., 23 juin 1842 (*Fabre*). Dalloz, v° *Pêche maritime*, n° 47.
2. Cassation, ch. req., 22 novembre 1865 (*Gilles c. commune de Mauguio*). Dalloz, 1865, 1, 109.
3. *Arr. cons.*, 27 mars 1874 (*Barlabé*).
4. Cassation, 29 juin 1847 (*Bouyron*). Dalloz, 1849, I, 179, — tribunal des conflits, 22 mai 1850 (*commune de Lattes*).

et qui sont, au moins en partie, navigables, ainsi qu'aux canaux qui s'y rattachent. Ce n'est pas sans une lutte énergique et prolongée que les propriétaires de ces étangs et canaux ont fini par faire reconnaître la validité des titres qui justifiaient une dérogation aux règles générales sur le domaine public.

L'administration de la marine, qui attachait une importance considérable à reprendre la disposition des étangs salés pour y établir la liberté de la pêche au profit des marins soumis à l'inscription maritime et pour empêcher l'usage des procédés de pêche nuisibles à la reproduction du poisson, prétendait faire disparaître tous les droits privés qui, à l'occasion des modifications de l'état du sol et des eaux, s'étaient établis, souvent depuis plusieurs siècles, sur un nombre considérable d'étangs. A ses yeux, les concessions émanées de l'autorité publique elle-même, si anciennes qu'elles fussent, étaient sans valeur. Rien ne pouvait prévaloir contre le principe que la mer et ses dépendances font partie du domaine public. La salure des eaux était le seul criterium auquel on dût s'arrêter. Toutes les fois que l'eau était salée, la pêche devait appartenir aux marins inscrits.

Ces prétentions n'ont pas prévalu devant la justice. Après un débat qui avait commencé en 1845 et qui ne s'est terminé qu'en 1860, par suite de nombreux incidents successivement soulevés sur la compétence et sur le sens des titres invoqués, le marquis de Gallifet a été reconnu propriétaire du canal du Roi situé près de Martigues et qui forme une des communications établies de main d'homme entre l'étang de Caronte et l'étang de Berre. La cour de cassation, par un arrêt du 26 décembre 1860, a reconnu, après le tribunal et la cour d'Aix, que le principe de l'inaliénabilité du domaine public ne pouvait faire tomber des titres dont la plupart étaient antérieurs à la réunion de la Provence à la France, alors que, dans ce pays, les biens que nous comprenons aujourd'hui dans le domaine public n'étaient pas inaliénables et imprescriptibles.

D'ailleurs on sait que, pour la France, le principe de l'imprescriptibilité du domaine public n'est considéré comme entré définitivement dans la législation qu'à partir de l'édit de Moulins de février 1566 et que les concessions antérieures à cette époque sont incontestablement valables.

De son côté, le conseil d'État a déclaré pour les étangs salés, comme il l'avait fait pour d'autres parties du domaine public, que le principe de l'inviolabilité des ventes de biens nationaux, provenant du domaine de la couronne, du clergé et des émigrés, proclamé par la charte de 1814, ne permettait pas de contester l'aliénation faite en 1812 d'un étang de l'ancien lit du Rhône, situé dans l'île de Camargue, bien qu'il constituât un étang salé en communication directe avec la mer [1].

Après la promulgation du décret du 21 février 1852, qui a force de loi, l'administration de la marine croyait avoir trouvé un moyen sûr de faire rentrer dans le domaine public les étangs et canaux salés navigables. Sur les ordres du ministre, plusieurs préfets avaient rendu, en exécution du § 2 de l'article 2 de ce décret, des déclarations de domanialité fondées sur ce que, par leur nature, ces eaux ne pouvaient être l'objet d'un droit de propriété privée. Nous discuterons plus loin la portée du texte sur lequel se fondait l'administration. Il suffit de dire en ce moment que les arrêtés des préfets ont tous été annulés pour excès de pouvoirs, par le motif qu'ils avaient, en délimitant la mer, empiété sur le pouvoir réservé au chef de l'État et qu'en outre, ils n'avaient pas réservé les droits des tiers [2].

L'administration de la marine a terminé la lutte par la vérification générale des titres qu'on lui opposait. Un décret du 19 novembre 1859, déterminant, pour les côtes de la Méditerranée, les mesures d'ordre et de police propres à assurer la conservation de la pêche et à en régler l'exercice, a mis les propriétaires d'étangs et de canaux salés en demeure de produire leurs titres. On pouvait contester le droit que semblait s'attribuer l'administration de trancher à elle seule la question de validité des titres de propriété privée en imposant aux propriétaires un délai de trois mois pour faire leurs justifications, sous peine de déchéance (art. 95, 102 et 103). Sans doute c'était la reproduction de dispositions des arrêts du conseil du Roi du 21 avril et du 26 octobre 1739, qui avaient ordonné une vérification de titres analogue. Mais on oubliait que le souverain exerçait avant 1789 le pouvoir législatif, qu'il pouvait créer des juridictions exceptionnelles et des déchéances et qu'un décret réglementaire rendu en 1859 ne pouvait rien faire de semblable.

Aussi bien les propriétaires d'étangs salés, de canaux, de pêcheries, sans abandonner le droit de recourir encore, s'il y avait lieu, aux tribunaux, n'ont pas hésité à produire leurs titres, et à la suite d'un examen approfondi fait en commun par l'administration de la marine et l'administration des domaines, le ministre de la marine a rendu, le 30 juillet 1864, une décision collective, complétée sur quelques points par deux décisions du 1er avril et du 20 décembre 1865, peu connue parce qu'elle n'a pas reçu de publicité, qui reconnaît formellement les droits d'un grand nombre de propriétaires d'étangs salés, de

---

1. *Arr. cons.*, 17 décembre 1857 (*Richaud*).
2. *Arr. cons.*, 19 juin 1856 (*de Gallifet*), même date (*Agard et consorts*), — 7 janvier 1858 (*Agard, Vidal, Fraix, de Gallifet et autres*), — 28 janvier 1858 (*de Graves*).

canaux, de plans d'eau et de pêcheries. La notification adressée aux intéressés porte que, après examen des titres produits, l'administration de la marine n'élève aucune revendication à l'égard de leurs propriétés. Nous avons donné, dans notre mémoire lu à l'Académie des sciences morales et politiques en 1882, la longue liste des étangs salés sur lesquels existent des droits privés régulièrement reconnus par l'administration.

En résumé, il n'y a qu'un petit nombre d'étangs salés, même parmi ceux qui sont en communication directe et permanente avec la mer, qu'on doive considérer comme une dépendance de la mer et comme faisant partie du domaine public, quant à leurs eaux et quant à leurs rivages. Les seuls étangs qui nous paraissent dans ce cas sont les étangs de Salses, de Leucate, de Lapalme, de Bages, de Sigean, de Gruissan, du Grazels, de Thau, d'Ingril, de Pérols, de Mauguio, du Gloria, de Caronte et de Berre. Encore y a-t-il quelques parties de plusieurs de ces étangs qui sont l'objet de droits privés incontestés.

III

Venons maintenant à la délimitation du rivage de la mer à l'embouchure des fleuves et rivières.

Pour être en mesure d'apprécier quelles sont les bases sur lesquelles on doit se fonder, il faut d'abord bien préciser la nature de l'opération et le but qu'il s'agit d'atteindre. Il s'est en effet souvent produit à cet égard des confusions.

Il y a, d'après la législation, trois délimitations distinctes que l'administration doit accomplir dans les fleuves et rivières affluant à la mer ou à leur embouchure et dont chacune a un but et des motifs différents. Le décret du 21 février 1852, qui a force de loi, règle les conditions dans lesquelles seront déterminées les limites de l'inscription maritime, les points de cessation de la salure des eaux et les limites de la mer. D'après l'article 1er, qui modifie les dispositions de l'article 2 de la loi du 3 brumaire an IV et de l'article 3 de la loi du 15 avril 1829, les limites de l'inscription maritime et les points de cessation de la salure des eaux sont déterminés par des décrets du président de la République rendus sur la proposition du ministre de la marine. Les limites de l'inscription maritime sont destinées à fixer les localités où tous ceux qui naviguent sont considérés comme se livrant à la navigation maritime telle qu'elle est définie par la loi du 3 brumaire an IV et le décret du 19 mars 1852, et par suite incorporés dans le personnel

appelé éventuellement au service de la marine militaire. Les limites
de la salure des eaux sont destinées à fixer le point jusqu'où s'étend la
pêche maritime, dont le régime diffère du régime de la pêche fluviale
par ce caractère essentiel que la pêche maritime est libre au profit de
tous les inscrits maritimes, tandis que la pêche fluviale ne peut être
pratiquée, en principe, qu'avec la permission de l'État et moyennant
redevance. A la vérité, quand la limite de l'inscription maritime ne se
confond pas avec le point de cessation de la salure des eaux et la
dépasse, la pêche continue à être libre jusqu'au point où s'arrête l'inscription maritime ; mais elle est soumise, dans cette zone intermédiaire,
aux règles de police et de surveillance prescrites par la loi du 15 avril
1829 sur la pêche fluviale. Les limites de l'inscription maritime et le
point de cessation de la salure des eaux doivent être déterminés, non à
l'embouchure des fleuves et rivières affluant directement ou indirectement à la mer, mais dans ces fleuves et rivières, ce qui implique le
droit et le devoir pour l'administration de faire remonter ces limites
dans l'intérieur des fleuves et rivières. C'est ce qui a été fait, par des
mesures d'ensemble prises à la suite du décret du 9 janvier 1852 sur la
pêche côtière. Quatre décrets, en date du 4 juillet 1853, rendus pour
les arrondissements maritimes de la Manche et de l'Océan et un décret
du 19 novembre 1859, rendu pour l'arrondissement de la Méditerranée, modifiés eux-mêmes sur divers points par des décrets posté-
rieurs, ont fixé les règles de police spéciales à la pêche maritime. A la
suite de chacun de ces décrets, un tableau détermine pour tous les
fleuves, rivières et canaux qu'il énumère, les limites de l'inscription
maritime et les limites de la salure des eaux.

Il est bon de préciser par des chiffres la distance qui sépare la mer
du point jusqu'où les grandes marées de vive eau se font sentir sur les
fleuves et rivières, et qui sert de base à la fixation des limites de
l'inscription maritime. Quelques exemples suffiront. Dans la Seine, ce
point était primitivement à Poses, à 144 kilomètres de l'embouchure,
bien au-dessus de Rouen ; depuis la construction du barrage de Martot,
il a été fixé à ce barrage, à 129 kilomètres de la mer. Dans la Loire, il
est à 69 kilomètres de l'embouchure, à Mauves, au-dessus de Nantes ;
dans la Charente, à 80 kilomètres du port des Barques ; dans la Gironde,
à 156 kilomètres de l'embouchure ; dans la Dordogne, à 160 kilomètres
de la mer.

Quant au point de cessation de la salure des eaux, il est généralement placé à une distance inférieure. Il y a eu sur ce point un dissen-
timent entre le ministre de la marine et le ministre des finances. Une
instruction du ministre de la marine, en date du 8 décembre 1852,
expose qu'il désirait fixer ce point d'après l'influence de la haute marée

d'équinoxe; le ministre des finances pensait qu'il était préférable de s'attacher à l'influence de la marée basse. On a adopté une solution moyenne en prenant pour limite le point où se fait sentir l'influence des hautes marées moyennes de pleine et nouvelle lune.

Pour ce qui est des limites de la mer à l'embouchure des fleuves, l'article 2 du décret du 21 février 1852, qui les prévoit, est loin de les assimiler à celles que prévoit l'article 1er. Les règles de compétence et d'instruction qu'il pose indiquent déjà qu'il s'agit d'une opération d'une autre nature, ayant un autre but, reposant sur des bases différentes. « Les limites de la mer, dit cet article, seront déterminées par des décrets du président de la République, rendus sous forme de règlements d'administration publique, tous les droits des tiers réservés, sur le rapport du ministre des travaux publics, lorsque cette délimitation aura lieu à l'embouchure des fleuves et rivières, et sur le rapport du ministre de la marine, lorsque cette délimitation aura lieu sur un autre point du littoral. »

L'opération prévue dans cet article et pour laquelle le législateur a donné de tout autres garanties que pour les limites de l'inscription maritime et de la salure des eaux est bien la délimitation du rivage de la mer. L'article prévoit deux cas. Dans ses derniers mots, il règle le cas le plus ordinaire, celui où la mer seule touche le rivage. Il s'agit de fixer les limites de la mer et de la terre; c'est le ministre de la marine qui est chargé de diriger l'opération. Nous nous sommes déjà expliqué sur les bases de cette délimitation. Mais sur les points du littoral où le rivage est coupé par l'embouchure d'un fleuve ou d'une rivière et où les eaux du fleuve ou de la rivière se mêlent à celles de la mer, deux décisions successives sont nécessaires. Il faut, pour pouvoir fixer les limites de la mer et de la terre, déterminer d'abord le point où s'arrête le fleuve. Une fois ce point fixé par une ligne transversale, les rives situées en aval sont nécessairement considérées comme le rivage de la mer. C'est pour la délimitation préalable de la mer et du fleuve que le ministre des travaux publics, chargé de la police des fleuves et rivières, est appelé à intervenir.

Il ne faut pas confondre ces trois opérations et dire qu'elles ont pour but de déterminer, à divers points de vue, le domaine maritime, comme l'a fait la cour de cassation dans un arrêt du 28 juillet 1869 rendu au sujet de la fixation des limites de la mer à l'embouchure de la rivière la Vie [1]. Il importe essentiellement de réserver le mot de domaine maritime, de domaine public maritime pour l'appliquer aux

____

1. Dalloz, 1869, I, 489.

questions de propriété, comme le fait le code civil, et comme le font tous les auteurs.

Quelles sont les bases sur lesquelles doit se fonder une délimitation de la mer à l'embouchure d'un fleuve? La législation est muette à cet égard. Le texte de l'ordonnance de 1681 ne s'applique évidemment qu'à la délimitation de la mer et de la terre, puisqu'il parle de ce que « la mer couvre et découvre pendant les nouvelles et pleines lunes, et jusqu'où le plus grand flot de mars se peut étendre sur les grèves. »

A quels signes peut-on reconnaître le point où le fleuve se termine et où commence la mer?

Les éléments dont on peut avoir à tenir compte sont : d'un côté, la configuration des rives par lesquelles le fleuve se distingue facilement de la mer dans la plus grande partie de son cours, mais qui peut laisser place à des doutes quand on se trouve en présence d'estuaires subitement élargis où les eaux de la mer et celles du fleuve s'introduisent dans des proportions sensiblement différentes; d'un autre côté, les différents signes qui indiquent l'action puissante de la mer, à savoir le mouvement des eaux, leur salure, l'origine des terrains qui composent le rivage, la nature de la végétation qui les couvre. Faut-il s'attacher à l'un à l'exclusion de l'autre? faut-il les combiner? Si on les combine, devra-t-on considérer l'un d'entre eux comme prépondérant, et les autres comme accessoires?

Deux solutions simples, absolues, ne comportant aucune nuance, peuvent se présenter à l'esprit : toutes deux radicalement opposées l'une à l'autre. On peut prétendre que la mer remonte dans les fleuves et rivières jusqu'au point où le plus grand flot de mars refoule les eaux du fleuve ou de la rivière. On peut soutenir au contraire que le fleuve ou la rivière se maintient jusqu'au moment où ses eaux se perdent définitivement dans la mer à marée basse et qu'il faut séparer la mer du fleuve par une ligne qui rétablit la continuité du rivage sans tenir compte de l'échancrure où pénètre le fleuve.

Ces deux systèmes étaient ceux entre lesquels se partageaient les opinions des auteurs et la jurisprudence avant 1789, et ils ont été encore soutenus et appliqués à une époque très récente.

Examinons-les de près. En les appréciant nous pourrons préparer l'appréciation des systèmes intermédiaires qui se rattachent, avec certaines atténuations, à l'un ou à l'autre.

Commençons par l'opinion qui pousse à l'extrême les prétentions de l'État.

Avant 1789, la doctrine qui prétend faire remonter la mer dans l'intérieur des fleuves et rivières jusqu'au point où se fait sentir l'action du plus grand flot de mars était soutenue par le domaine, et plusieurs décisions administratives l'avaient mise en pratique.

Mais elle fut énergiquement combattue par les auteurs et condamnée par les parlements et par le conseil d'État.

On a dit que Valin, dans son commentaire de l'ordonnance de 1681, semble l'approuver. Il n'en est rien. Valin n'a pas abordé cette question. Il soutient, en expliquant l'article 1er du titre VII de l'ordonnance, que la juridiction de l'amirauté s'étend dans les rivières jusqu'à l'endroit où le grand flot de mars cesse de s'y faire sentir. Mais il ne s'agit ici que d'une question de compétence qu'il avait déjà approfondie en expliquant les articles 5, 6 et 8 du titre II. Cette solution n'a aucune influence au point de vue domanial.

Deux auteurs considérables, tous deux arrivés en 1789 à la moitié de, leur brillante carrière de jurisconsultes, exposent au contraire en détail la polémique qui s'est produite avant 1789. Nous voulons parler d'Henrion de Pansey et de Merlin.

Henrion de Pansey, dans ses *Dissertations féodales*, publiées en 1789 (on va voir que le travail était écrit avant la Révolution), discute cette thèse à l'occasion d'un débat plus général qui s'était soulevé sur la question de savoir à qui du roi ou des propriétaires riverains appartiennent les alluvions qui se forment sur les bords des fleuves et rivières navigables [1].

« Deux arrêts du conseil des 5 juillet et 31 octobre 1783, dit-il, avaient ordonné l'aliénation au profit du roi de toutes les alluvions formées sur les bords des rivières de Gironde, Garonne et Dordogne.

« Ces arrêts portaient la ruine et le trouble dans une multitude de familles. Le parlement de Bordeaux crut pouvoir s'opposer à leur exécution, et le roi voulut bien discuter cette question avec lui. En conséquence, les magistrats de cette cour se rendirent tous à Versailles. La conférence se tint dans le cabinet du roi le 29 juillet 1786 et commença à 11 heures du matin. Là cette importante question fut envisagée sous tous ses rapports; enfin, à 6 heures du soir, après avoir discuté toutes ces difficultés, examiné le véritable sens des lois antérieures; en un mot, après avoir tenu, pendant sept heures et d'une main toujours ferme, la balance entre la nation et la couronne, le roi prononça contre lui-même et déclara tous les riverains propriétaires des alluvions. »

C'est dans le cours de l'exposé des principes et des autorités sur lesquels est fondée la décision royale qu'Henrion de Pansey aborde le point qui nous occupe en ce moment.

____

1. Tome Ier, p. 650, vo *Eaux*, § 6.

« Ceux qui veulent dépouiller les riverains de leurs propriétés prétendraient-ils que les bords des fleuves navigables, dans lesquels il y a flux et reflux, et les terres que le grand flot de mars couvre sur les rives de ces fleuves font partie du domaine de la couronne? L'ordonnance de la marine ne parle que des bords de la mer et non de ceux des rivières navigables. Elle ne parle que des grèves qui sont sur le bord de la mer et non des terres cultivées au bord des rivières et possédées par des particuliers. La marée, qui couvre deux fois dans vingt-quatre heures les rives des fleuves navigables, n'opère aucun changement dans la propriété. Ces terres sont également susceptibles de culture. Elles peuvent être fertilisées par les mains de l'homme. La marée imprime une servitude de passage sur le fonds qui la reçoit, sans priver le cultivateur du fruit de son travail.

« Ces raisons suffiraient sans doute. Mais la loi elle-même vient les consacrer et leur donne un degré d'autorité auquel il n'est pas permis de résister. Elle décide, en termes exprès, que le débordement des fleuves, causé par l'abondance des pluies et par les marées, n'étend point leur rivage et ne peut par conséquent nuire aux propriétés privées. »

Ici Henrion de Pansey invoque le § 5 de la loi 1 *de fluminibus* qui porte « *cæterum si quando vel imbribus, vel mari, vel qua alia ratione ad tempus excrevit, ripas non mutat.*

« Il a été rendu depuis peu, ajoute-t-il, quatre arrêts solennels du conseil de la grande direction (on sait que c'était une commission permanente rattachée au conseil royal des finances) par lesquels il a été jugé que les terrains situés près des bords des rivières affluentes à la mer et couverts périodiquement par les eaux de ces rivières, lors du flux et du reflux, ne font pas partie des rivages de la mer et qu'ils appartiennent en toute propriété aux particuliers qui les possèdent et les font valoir.

« Les deux premiers de ces arrêts, du 6 août et du 13 décembre 1771, ont déclaré patrimoniaux les marais et grèves d'Abbeville et d'Amfreville sur lesquels le flux de la mer se porte régulièrement dans les hautes marées.

« Le troisième, du 17 juillet 1778, rendu au profit du seigneur et des habitants de Salnelles, a annulé une concession, surprise en 1765, du marais ou commun de Salnelles, situé sur la rivière d'Orne, qui est baigné périodiquement par les eaux de cette rivière dans les hautes marées, et ce nonobstant aux arrêts du conseil des finances, par lesquels ce seigneur et ces habitants avaient été déboutés de leurs oppositions à cette concession.

« Le quatrième, du 12 août 1782, sans s'arrêter à des fins de non-

recevoir proposées par le marquis de Courcy, concessionnaire, a ordonné l'exécution d'un arrêt du parlement de Rouen du 21 mars 1770,
qui avait déclaré la concession obreptice et subreptice et avait jugé
que la grève de Brevant n'était pas un bord et rivage de la mer,
quoique le grand flot de mars s'y portât, et, en conséquence, avait
maintenu le seigneur et les habitants propriétaires, etc. »

De son côté, Merlin, dans ses *Questions de droit*, au mot *Rivages de
la mer*, s'exprime ainsi : « Très souvent dans les rivières qui ont leur
embouchure dans la mer, le flux remonte les eaux beaucoup plus
loin que le plus grand flot de mars ou d'hiver ne s'étend sur les grèves.
Doit-on, pour cela, réputer rivages maritimes les terres situées le
long de ces rivières?

« Non, sans doute; et s'il en était autrement, les bords de la mer
s'étendraient en certains endroits à plus de 30 myriamètres. (soixante
lieues) au delà de la mer même, chose absurde et qui n'est certaine-
ment pas entrée dans les vues de l'ordonnance de 1681.

« A la vérité, il est arrivé souvent que des gens, avides d'envahir
des propriétés particulières, se sont servis de ce prétexte pour en
demander la concession à l'ancien gouvernement, et qu'un zèle
extrême à étendre les droits du domaine public a fait accueillir ces
demandes indiscrètes; mais toutes les fois que l'ancien gouvernement
a été instruit par de justes réclamations, il est revenu sur ses pas et a
condamné ses propres concessionnaires.

« On peut citer là-dessus quatre arrêts du conseil bien remarquables....... » (Ce sont les arrêts que rapporte Henrion de Pansey.)

La même doctrine a été affirmée aussi nettement depuis 1789 par
plusieurs décisions de l'autorité judiciaire.

Le 23 juin 1830, la cour de cassation rejetait un pourvoi formé
contre un arrêt de la cour de Rennes, rendu au sujet de difficultés
soulevées entre l'administration et un sieur Riou-Kerhallet, riverain
de la Penfeld [1]. La cour de Rennes avait jugé « que les terres situées sur
le bord d'une rivière, quoiqu'elles soient successivement couvertes et
découvertes par l'effet du flux et du reflux, ne cessent pas d'en former
la rive et d'appartenir au propriétaire de l'héritage dont elles font
partie, de la même manière que celles sur lesquelles s'exerce le mar-
chepied des rivières navigables et flottables. » La cour de cassation
n'a pas développé sa théorie en rejetant le pourvoi. Partant de ce
point de droit que les articles 1 et 2 du titre VII du livre IV de l'ordonnance de 1681 ne s'appliquent qu'au rivage de la mer, et de ce
point de fait que la Penfeld est incontestablement une rivière, elle

1. Dalloz, 1830, I, 307.

décide que la cour de Rennes n'a violé aucune loi en jugeant que les terrains litigieux étaient des propriétés privées.

La théorie s'affirme plus nettement dans l'arrêt du 22 juillet 1841 relatif à l'affaire du sieur Manneville, dont les terrains étaient situés près d'Honfleur, à l'embouchure de la Seine.

« Attendu, dit cet arrêt, qu'il ne ressort d'aucune de nos lois et ordonnances, tant anciennes que nouvelles, sainement interprétées, qu'un fleuve affluant à la mer change de nature par l'effet du flux de la mer dans son lit, à ce point qu'il doive être considéré comme bras de mer dans les parties instantanément couvertes par les hautes eaux et que ses rives cessent d'être fluviales pour prendre le caractère de rives maritimes; que, loin qu'il en soit ainsi, la jurisprudence de tous les temps a généralement repoussé les prétentions du domaine public à cet égard [1]. »

Du reste, le ministre de la marine a lui-même adopté cette doctrine à plusieurs reprises. Dans une circulaire du 3 avril 1851, il disait : « L'exercice de la libre pêche côtière dans la partie des fleuves et rivières où remonte la marée ne saurait imprimer à leurs rives le caractère de domanialité publique du rivage de la mer dont l'article 1er, titre VII, livre IV de l'ordonnance d'août 1681 a déterminé la limite; j'adhère complètement en conséquence aux conclusions d'un arrêt du 23 juin 1830 par lequel la cour de cassation a décidé que « le bord d'une « rivière, même couvert par les flots de la mer, reste bord de rivière « et n'est pas rivage de la mer. »

Cette circulaire est rappelée dans une lettre au préfet du Finistère en date du 9 octobre 1855, insérée au *Bulletin officiel de la Marine*.

On pourrait croire, en face de ces instructions du ministre, qu'il était inutile d'insister comme nous venons de le faire sur l'inexactitude de la doctrine qui fait remonter la mer dans les fleuves et rivières jusqu'au point où se fait sentir le plus grand flot de mars. On verra bientôt que la doctrine adoptée par l'administration dans beaucoup de cas se rapproche singulièrement de cette doctrine exagérée et n'en diffère que par une question de mesure.

Venons maintenant au système inverse, à celui qui n'admet pas qu'un cours d'eau perde sa nature, au point de vue de la domanialité des rives, par l'effet de l'introduction des eaux de la mer qui regonflent ses eaux.

Dans ce système, on s'attache exclusivement à la configuration des rives. La qualité de rivage de la mer, dit-on, ne peut être attribuée qu'à la grève, à la plage, au terrain qui, à marée basse, reste en

---

1. Dalloz, 1841, I, 325.

contact exclusif avec les eaux de la mer. Le mot de grève ne peut, sous aucun rapport, s'appliquer aux rives ou terrains entre lesquels se trouve resserré le cours d'une rivière. Il faut fixer la limite de la mer au point le plus bas de l'embouchure des fleuves et rivières, en tirant une ligne qui rétablisse la continuité du rivage interrompue par le fleuve.

Ce système a été soutenu par la cour de Rennes dans l'arrêt du 18 mai 1829 relatif à l'affaire de la Penfeld, confirmé en termes très sobres par la cour de cassation le 23 juin 1830. Il l'était également par la cour de Rouen dans l'arrêt rendu sur l'affaire de l'embouchure de la Seine, confirmé par la cour de cassation le 22 juillet 1841. Mais la cour suprême ne se l'était pas approprié explicitement avant l'arrêt du 28 juillet 1869, relatif à l'embouchure de la rivière la Vie (Vendée).

« Attendu, dit cet arrêt, que si l'article 1er, titre 7 de l'ordonnance du mois d'août 1681 répute bord et rivage de la mer tout ce qu'elle couvre et découvre pendant les nouvelles et pleines lunes et jusqu'où le grand flot de mars se peut étendre sur les grèves, elle n'entend évidemment parler que des terrains qui bordent la mer, de la plage qui, même en temps de marée basse, se trouve en contact avec les eaux de la mer;

« Attendu que lorsqu'un cours d'eau vient se jeter dans la mer, il conserve sa nature et sa dénomination propre jusqu'au moment où il se perd dans la mer, les limites de celle-ci s'arrêtant là où les falaises et les grèves sont interrompues par les rives du fleuve et, réciproquement, celui-ci et ses rives se prolongeant jusqu'au point où elles coupent les falaises et le rivage de la mer [1]. »

Nous devons ajouter que le conseil général des ponts et chaussées s'est rallié à cette doctrine dans plusieurs de ses avis.

Ce système, inspiré par une répugnance légitime contre la doctrine opposée, a le tort de ne pas tenir un compte suffisant de la variété des faits qui se produisent à l'embouchure des fleuves et rivières dans la mer. Il paraît reposer sur une hypothèse géologique qui peut être vraie quelquefois, mais qui peut être souvent inexacte, à savoir que c'est le fleuve ou la rivière aboutissant à la mer qui a formé par son cours toute la coupure du rivage dans laquelle ses eaux viennent rejoindre celles de la mer. En est-il toujours ainsi? Cela est admissible pour de grands fleuves, surtout s'ils coulent à travers un terrain qui n'offre pas de résistance. Mais le rivage de la mer sur les points où n'aboutit aucun fleuve, aucune rivière, présente de nombreuses et profondes échancrures, par lesquelles les eaux de la mer semblent

_____

1. Dalloz, 1869, I, 489.

remonter dans l'intérieur des terres, et dont le rivage est incontestablement le rivage de la mer. Pourquoi admettrait-on que toute échancrure du rivage dans laquelle un fleuve ou une rivière vient se jeter doit être attribuée à l'action du fleuve ou de la rivière et être considérée comme la suite de son lit? Est-il vraisemblable que l'origine des nombreuses déchirures qui se sont produites dans les côtes granitiques de la Bretagne soit due aux eaux des petites rivières qui viennent s'y mêler à celles de la mer et n'en occupent à marée basse qu'une très faible partie?

Il n'y a donc pas là une règle générale, applicable en principe à tous les cas. Nous croyons qu'elle peut être invoquée avec raison lorsque les formes des rives du fleuve se distinguent nettement de celles du rivage de la mer qu'elles viennent couper, et lorsque le volume des eaux du fleuve qui coulent dans l'estuaire n'est pas trop sensiblement inférieur à celui des eaux de la mer. Aussi a-t-il été appliqué dans quelques cas, notamment pour la Loire, pour la Gironde et pour quelques petites rivières [1]. Mais il n'a pas été généralisé et les motifs que nous venons d'indiquer nous font penser qu'il ne devait pas l'être.

Après avoir écarté ces deux solutions extrêmes, nous avons à chercher un système intermédiaire qui se rapproche davantage de la vérité.

Ici deux solutions se trouvent encore en présence. La section d'administration du conseil d'État, dans un avis adopté le 24 janvier 1850, au sujet de la délimitation du rivage de la mer dans la baie de l'Orne, avait cherché à établir des règles générales; mais sa doctrine n'était ferme que pour les bases qui devaient être écartées; elle ne l'était pas pour celles qu'il y avait lieu d'adopter. La section écartait l'assimilation des limites de la mer au point de vue du rivage avec celles de la pêche fluviale et de l'inscription maritime. Elle ajoutait : « Les autres moyens d'appréciation qui seraient tirés de la salure des eaux, de la nature des terrains ou de la forme des rives sont sujets à varier, dans leur application, d'après les lieux et les circonstances; d'où il suit que l'appréciation des faits et des circonstances doit indiquer les éléments de la solution à donner dans chaque espèce. » Il n'y avait pas là une règle qui fût de nature à empêcher les écarts.

Aussi la jurisprudence administrative, tout en s'abstenant de prendre pour base de délimitation le point où s'arrête l'influence du grand flot de mars, n'en a pas moins fait remonter souvent la mer dans l'intérieur des fleuves et rivières. Elle a généralement, pendant une assez longue

1. Décrets du 8 novembre 1854 et du 26 août 1857, etc.

période à partir de 1852, omis de tenir compte de la configuration
des rives et s'est fondée exclusivement sur les signes où elle recon-
naissait l'influence prépondérante de la mer. Dans la circulaire du
23 mars 1852, le ministre de la marine donnait les instructions
suivantes : « Je crois opportun de faire observer aux administrateurs
de la marine, qui sont régulièrement désignés pour faire partie des
commisssions spéciales, que cette limite doit être fixée au point où les
eaux cessent d'être salées d'une manière sensible, où l'on ne remarque
plus de dépôts marins, où l'influence des eaux sur la végétation n'est
ni nuisible ni délétère, où l'on ne rencontre plus d'herbes marines ni
aucun fait géologique prouvant une action puissante de la mer. »

Trois ans après, le ministre constatait, dans une lettre en date du
9 octobre 1855, adressée au préfet maritime de Brest et insérée au
Bulletin officiel, que sur 20 délimitations faites aux embouchures
des rivières dans le deuxième arrondissement, 10 bornaient la mer à
la limite extrême de la salure des eaux, 6 en aval et 4 en amont
de cette limite. Dans cette lettre, le ministre repoussait, il est vrai,
l'opinion du préfet qui considérait les limites de la mer et de la salure
des eaux comme identiques. Mais il ne songeait nullement à rectifier
les décisions antérieures et il prescrivait de reporter en amont la
limite de la salure des eaux jusqu'à la ligne fixée pour la limite de la
mer quand elle se trouvait en aval.

On pourrait citer, indépendamment des décisions mentionnées dans
la lettre du ministre de la marine pour le deuxième arrondissement
maritime, plusieurs décisions qui ont fait remonter la mer assez loin
dans des rivières entre deux rives parallèles et qui la bornaient seulement au point où la navigation maritime était interrompue par un
pont ou par des écluses. Une des décisions les plus remarquables en
ce genre est le décret du 19 avril 1852, rendu au sujet de la rivière la
Seudre (Charente-Inférieure), qui a fait remonter la mer jusqu'à l'écluse
de Riberou à 22 kilomètres en amont de l'embouchure, malgré les
réclamations des riverains qui alléguaient que cette délimitation
attribuerait au rivage de la mer plus de 18,000 parcelles cadastrées
couvertes par les eaux de la rivière au moment des marées, dont ils
étaient propriétaires en vertu de titres authentiques ou d'une trans-
mission héréditaire. A la vérité, l'administration a reculé devant les
difficultés qu'entraînerait l'exécution de cette décision.

L'affaire mérite d'être racontée en détail, et c'est un rapport du
ministre de la marine inséré au *Bulletin officiel* en 1866 qui nous
fournit les éléments de cet exposé.

Depuis un temps bien ancien déjà, les terrains situés au delà des
marais salants, sur les bords de la Seudre et qu'on appelle sartières,

ont été en partie consacrés à l'établissement de claires à huîtres; c'est là que le coquillage déposé acquiert assez rapidement un développement, une couleur verdâtre, enfin des qualités qui ont donné à ces huîtres, connues sous le nom d'huîtres de Marennes, une réputation qui les fait rechercher.

Bien que ces terrains fussent recouverts par les eaux des marées de syzygie, et qu'on ne pût pas les entourer de digues insubmersibles sans détruire l'industrie à laquelle ils étaient consacrés, ils n'en ont pas moins été considérés, pour un certain nombre de parcelles, comme propriétés privées; des concessions avaient été faites antérieurement à 1789, et les tribunaux, appelés à se prononcer, ont reconnu la validité des titres invoqués.

Mais peu à peu, quelques-uns de ces établissements ayant envahi une partie même du lit de la Seudre, l'administration dut faire cesser un état de choses préjudiciable à la navigation.

Une ordonnance du 5 octobre 1841 prescrivit une délimitation ayant pour objet de déterminer : d'un côté, ce qu'il importait de laisser libre de tout obstacle, de tout établissement privé, enfin ce qui devait être considéré comme appartenant au domaine public; de l'autre, ce qui pouvait sans inconvénient entrer dans le domaine utile de l'État, sauf bien entendu les droits que les riverains pourraient faire valoir.

Cette ordonnance, dans son article 3, porte que le lit de la Seudre et de ses affluents et les chemins nécessaires au halage des bâtiments seront limités par une ligne tracée sur les relais de chaque rive, à 10 mètres au moins de la ligne où le sol cesse d'être actuellement couvert d'herbes.

Tel était l'état des choses lorsque le décret du 19 avril 1852 fixa la limite entre la mer et la Seudre à l'écluse de Riberou.

Malgré la réserve des droits des tiers insérée dans le décret de délimitation, les riverains considérèrent que leur situation était changée, que les terrains couverts par le plus grand flot de mars, à plus forte raison ceux qui étaient couverts par les marées ordinaires ou les hautes marées de chaque mois, pouvaient être revendiqués par l'administration comme une dépendance du domaine public imprescriptible et inaliénable. Ils purent craindre que leur possession, même fort ancienne, fût contestée si elle n'était pas fondée sur des titres antérieurs à 1566 ou sur des ventes nationales. De nombreuses pétitions, appuyées par le conseil général de la Charente-Inférieure, demandèrent une décision nouvelle. Le gouvernement, sans rapporter expressément le décret du 19 avril 1852, en annula les effets. Un décret du 26 mai 1866 ordonna que les terrains des bords de la Seudre, situés en dehors des limites tracées en exécution de l'article 3 de l'ordonnance du 6 octobre 1841, seraient remis à l'administration des domaines sous réserve des droits des tiers.

Par suite, au lieu de se trouver en face du domaine public, les riverains n'avaient plus pour adversaire que le domaine de l'État. La prescription ordinaire pouvait être invoquée. Leurs titres et leur possession avaient une tout autre valeur.

Cette décision, bienveillante à l'égard de certains riverains, strictement juste à l'égard d'un certain nombre d'entre eux, était peut-être inspirée par un arrêt du conseil d'État au contentieux rendu le 27 mai 1863 qui avait annulé, pour excès de pouvoirs, sur la demande du sieur Drillet de Lanigou, un décret relatif à la délimitation du rivage de la mer à l'embouchure de la rivière la Canche.

C'était la première fois que le conseil d'État au contentieux était appelé à apprécier la jurisprudence administrative établie pour l'exécution du décret du 21 février 1852. Il fut frappé de l'analogie de cette jurisprudence avec celle contre laquelle s'étaient élevés les jurisconsultes de l'ancien régime. La doctrine développée par Henrion de Pansey, dans ses *Dissertations féodales*, fut rappelée dans les remarquables conclusions du commissaire du gouvernement, M. L'Hôpital, et elle servit de base à son argumentation contre le décret attaqué.

Il s'agissait d'un terrain situé à 15 kilomètres de l'embouchure de la Canche. Il avait été concédé aux auteurs du réclamant par arrêt du conseil du roi du 14 juin 1774; une partie avait été enclose par des digues; une autre partie, non protégée par des digues, avait donné lieu à un procès devant les tribunaux civils, entre le domaine et les auteurs du requérant, qui en avaient été reconnus propriétaires depuis 1822, en vertu de l'article 556 du code civil relatif aux alluvions des fleuves et rivières navigables.

L'administration des domaines prétendait que, par suite de la nouvelle délimitation de la mer à l'embouchure de la rivière la Canche, ces terrains étaient une dépendance du rivage de la mer; que, dès lors, ils étaient redevenus propriété domaniale. Elle avait expulsé les propriétaires et passé un bail avec leur propre fermier et, de son côté, le conseil de préfecture avait condamné les propriétaires à l'amende pour avoir planté une haie sur le terrain litigieux.

Le conseil d'État, après avoir rapporté tous ces faits dans son arrêt, décida que le terrain litigieux étant situé à 15 kilomètres de l'embouchure de la Canche, et étant mis en culture, ne saurait, sous aucun rapport, être considéré comme une grève dépendant du rivage de la mer et que le décret de délimitation, qui avait compris ce terrain dans le rivage de la mer, en se fondant sur ce qu'il était couvert par le regonflement des eaux de la rivière la Canche, à l'époque des plus grandes marées, avait été rendu contrairement aux dispositions de l'ordonnance de 1681.

Toutefois il faut dire que l'arrêt du conseil d'État du 29 mai 1863 ne donnait pas un enseignement complet. Il signalait nettement l'excès dans lequel l'administration devait éviter de tomber. Il n'indiquait pas les éléments d'une solution destinée à remplacer celle qu'il condamnait justement.

Le défaut capital du système soutenu par le ministre de la marine dans ses instructions, c'est qu'il prétend résoudre une question complexe avec un critérium unique, la salure des eaux.

Dès le début de notre enseignement à l'École des ponts et chaussées en 1865, nous avons soutenu, en nous inspirant des bonnes traditions du conseil d'État, qu'il fallait tenir compte d'abord de la configuration des rives, puis de la nature des eaux et de la nature des bords.

La salure des eaux indique la mer, mais le parallélisme des rives indique le fleuve. Quand ce dernier élément est nettement accusé, il suffit pour distinguer le fleuve et la mer. Mais si l'on consulte la carte de l'état-major, on verra que la configuration des rives des fleuves et rivières à leur embouchure dans la mer est assez variable. Il est rare de rencontrer deux lignes à peu près parallèles jusqu'au bout accompagnant le fleuve et coupant plus ou moins à angle droit le littoral de la mer.

Parfois le parallélisme, et ici on ne doit pas entendre le mot avec la rigueur géométrique, s'interrompt; on se trouve en face d'une vaste étendue d'eau ayant la forme d'un lac, puis le parallélisme reprend. Dans ce cas, on est toujours en face du fleuve.

Dans d'autres cas, le fleuve, resserré jusque-là entre deux rives plus ou moins parallèles, mais assez rapprochées, débouche dans un vaste estuaire, dont les bords, tout en pénétrant dans l'intérieur des terres, se rattachent plutôt par leur forme au rivage de la mer qu'aux rives du fleuve. Ici la configuration des rives peut faire douter si l'on est en présence du fleuve ou de la mer; il faut trancher la question en tenant compte du volume des eaux salées par rapport aux eaux douces et de la nature des atterrissements.

Cette solution, que nous croyons la plus exacte, a été consacrée en grande partie par un avis de doctrine du conseil d'État rendu le 4 mars 1875, conformément à la proposition de la section des travaux publics, et sur le rapport de M. Griolet, au sujet de la délimitation de la mer à l'embouchure de l'Odet (Finistère).

Le ministre des travaux publics, sur l'avis de la commission locale, avait proposé en 1872 de fixer les limites de la mer au port même de

Quimper, à 19 kilomètres dans l'intérieur des terres. La commission provisoire remplaçant le conseil d'État avait repoussé ce projet comme absolument contraire à la règle posée dans l'arrêt du conseil de 1863. Après une nouvelle instruction, le ministre proposait en 1875 de fixer la limite à quelques kilomètres en aval de Quimper, à un point où l'Odet forme un vaste bassin et où le parallélisme des rives est interrompu, bien qu'il reprenne ensuite sur une longueur considérable jusqu'à la mer.

Le nouveau projet de décret a été repoussé, comme le précédent. Voici les principaux motifs de l'avis qui justifiait la délimitation définitivement adoptée, et dont les termes n'ont jamais été publiés :

« Considérant que les fleuves et les rivières affluant directement à la mer conservent leur caractère propre jusqu'au point où leur lit s'élargit de manière à former une baie qui se confonde avec la mer, quelles que puissent être d'ailleurs, en amont de l'embouchure, l'altération des eaux et les déformations des rives ;

« Qu'à la vérité, il importe de distinguer des fleuves proprement dits les baies étroites et profondes que présentent certaines côtes et qui font partie du domaine public maritime, alors même qu'elles recevraient les eaux de quelques cours d'eau de peu d'importance ;

« Mais que le lit dans lequel coule l'Odet à partir de Quimper jusqu'à l'Océan sur une étendue de 19 kilomètres environ offre les caractères généraux d'une véritable rivière, notamment à raison de la direction et de la forme de ses rives ;

« Qu'en effet si, à quelques kilomètres de Quimper, l'Odet forme un vaste bassin appelé baie de Lédanon, il coule ensuite dans un canal relativement étroit et ne présentant qu'un petit nombre d'enfoncements, sur une longueur de près de 12 kilomètres ;

« Qu'en conséquence la limite de la mer à l'embouchure de l'Odet doit être fixée non....., mais au fond de la baie où débouchent les eaux de l'Odet. »

L'avis de 1875 ne résout pas complètement la question de savoir à quels signes on reconnaît qu'une baie où débouche un fleuve fait partie du fleuve ou de la mer. Cette question a été tranchée par l'arrêt du 6 mars 1882, rendu dans l'affaire de la délimitation de la mer à l'embouchure de la Seine. Nous avons déjà indiqué cet arrêt en discutant les bases de la délimitation du rivage de la mer, mais nous avons dit que deux questions étaient soulevées devant le conseil d'État et que la délimitation de la mer et du fleuve était également contestée. Sur le premier point, les riverains ont obtenu gain de cause ; sur le second, ils ont succombé.

Rien n'avait manqué à la défense des riverains. Ils avaient présenté des observations dans l'instruction administrative qui a précédé le décret attaqué. Ils pouvaient invoquer comme précédent un arrêt de la cour de]Rouen, confirmé par la cour de cassation en 1841, rendu dans l'affaire *Manneville*. Le conseil d'État au contentieux, préoccupé de la difficulté de la question, avait fait vérifier les lieux par une commission spéciale de quatre de ses membres. Enfin à l'audience publique du conseil d'État, le commissaire du gouvernement, M. Le Vavasseur de Précourt, a conclu en leur faveur. C'est dans ces conditions que leur prétention a été rejetée.

Quelle est la doctrine que le conseil d'État a approuvée, qu'il a considérée comme conforme à la loi?

Dans une matière aussi délicate, il ne faut pas analyser, il faut citer. Le conseil décide que la délimitation transversale de la mer et de la Seine à son embouchure, telle qu'elle résulte du décret attaqué, n'a pas étendu le domaine maritime au delà de ses limites naturelles par rapport à l'embouchure de la Seine. Voici ses motifs.

« Le relief et la direction des côtes, dont le parallélisme a définitivement disparu, l'étendue et la forme du bassin qu'elles circonscrivent en aval de la délimitation contestée, révèlent l'existence d'une baie maritime qui pénètre à une certaine profondeur dans les terres et dans laquelle la Seine a son embouchure. Si les eaux du fleuve parcourent cette baie, avant de gagner la pleine mer, en suivant un chenal relativement étroit, dont la direction est mouvante et variable, il ne s'ensuit pas que ladite baie puisse être considérée comme formant le lit du fleuve.

« D'autre part, les eaux qui occupent la baie, en dehors du chenal dont il a été fait mention, sont les eaux de la mer, qui s'élèvent ou s'abaissent selon le mouvement des marées, et dont le volume dépasse dans des proportions considérables celui des eaux fluviales.

« Enfin les atterrissements qui se forment dans la baie ou sur ses bords proviennent non des apports du fleuve, mais des eaux de la mer qui déposent dans l'estuaire des matériaux enlevés par elle aux rivages de la mer.

Le conseil résume sa décision en disant « qu'ainsi le caractère maritime de la baie de Seine, en aval de la délimitation contestée, résulte à la fois de la configuration physique de ladite baie, de la nature des eaux qui l'occupent et de la nature des atterrissements qui s'y forment. »

En réunissant l'arrêt du conseil d'État du 27 mai 1863, l'avis de doctrine du 4 mars 1875 et l'arrêt du 6 mars 1882, on a les éléments d'une théorie complète, juste pour les riverains, juste pour l'État.

Nous souhaitons qu'elle mette fin aux difficultés dont nous avons dû
faire le trop long exposé [1].

IV

Il ne nous reste plus à étudier que les conditions dans lesquelles
l'autorité publique statue sur la délimitation du rivage de la mer, à
rechercher quels sont les pouvoirs des autorités locales et de l'autorité
centrale, quels sont les effets des actes administratifs, quelles sont les
réclamations auxquelles ils peuvent donner lieu, comment et par
quelle juridiction ces réclamations sont jugées. On apprécie mieux les
questions de cet ordre en les groupant.

Elles ont donné lieu à de très longs débats, à de profonds dissenti-
ments entre le conseil d'État, la cour de cassation et le tribunal des
conflits. Elles ont été discutées à de nombreuses reprises dans les
ouvrages de droit administratif et dans les revues spéciales.

La controverse entre le conseil d'État, statuant soit comme juge des
conflits, soit comme juridiction administrative suprême, et la cour de
cassation, a duré de 1842 à 1873. Elle n'a été terminée que par le tribunal des conflits institué par la loi du 24 mai 1872 et composé,
comme on le sait, principalement de membres des deux juridictions
suprêmes élus par le corps dont ils font partie.

La polémique entre les auteurs a été vive surtout en 1868, 1869 et
1872. La *Revue critique de législation et de jurisprudence* a publié successivement en 1868 et 1869 des articles de M. Albert Christophle et
de l'auteur du présent travail, avec des répliques de chacun d'eux,
puis des articles de M. Serrigny et de M. Batbie. La discussion s'est
ranimée en 1872 entre M. Reverchon et M. Laferrière. M. Laferrière
était seul avec nous à défendre complètement la jurisprudence du
conseil. M. Batbie ne la soutenait qu'en partie [2]. Après les décisions

1. Cette opinion est soutenue par M. Chalvet dans son travail précité sur la
législation des bords de la mer, n° 30, et l'auteur était fonctionnaire de l'administration des domaines quand il a publié cette étude. Elle est adoptée aussi par
M. Plocque, *De la mer et de la navigation maritime*, n° 169. Mais elle est combattue par M. Fournier, commissaire de la marine, dans son travail sur la *Domanialité publique maritime* inséré dans la *Revue maritime et coloniale* de 1878, t. LVII,
p. 579. M. Fournier soutient que l'on doit tenir compte avant tout de la nature
des eaux et de leur volume. C'est aussi dans ce sens que se prononce l'auteur
anonyme d'un résumé de jurisprudence publié en tête d'une brochure sur la *Délimitation de la mer à l'embouchure de la Seine* (1882), p. 9.

2. *Revue critique*, 1868, 1re partie, p. 385; — 1869, 1re partie, 121, 353 et 433;
— 2e partie, p. 105 et p. 297; — 1872, p. 275 et 353.

prises par le tribunal des conflits en 1873, les *Annales des ponts et chaussées* ont publié, en 1874, d'abord un article de M. Schlemmer, ingénieur en chef, qui combattait une partie de ces décisions, puis un article de M. Kleitz, inspecteur général des ponts et chaussées, qui les approuvait presque complètement [1]. De son côté, M. Ducrocq, dans son *Cours de droit administratif* (6e édition, t. II, p. 149), a vivement attaqué la dernière jurisprudence du tribunal des conflits. M. Batbie la conteste également dans son *Traité de droit public et administratif* (2e édition, t. V, p. 328).

Il faudrait un volume pour reproduire et apprécier en détail ces polémiques. Mais quand on y regarde de près, alors qu'un certain délai s'est écoulé, qu'il a fait disparaître les circonstances qui donnaient à la lutte quelque vivacité, qu'il a permis d'élaguer les arguments inspirés par l'esprit de corps, les subtilités, quelquefois les confusions, on voit qu'il reste debout un très petit nombre de raisons assez graves pour faire pencher dans un sens ou dans l'autre. Il y a d'autres polémiques sur la compétence de la juridiction administrative et de l'autorité judiciaire, dont on ne retrouve plus guère la trace qu'en remontant très haut et qui ne sont plus que des curiosités, ou, si l'on veut, des matières d'érudition pure. Qui parle aujourd'hui de la longue controverse sur la question de savoir si les travaux de voirie et de bâtiments faits pour les services publics communaux peuvent être considérés comme des travaux publics? On signale la règle comme incontestable et l'on passe. Qui parle encore de la controverse sur la compétence relative aux dommages permanents causés par les travaux publics et qu'une jurisprudence longtemps persistante de la cour de cassation a voulu distinguer des dommages temporaires? La question n'est plus discutée depuis 1850.

Nous ne pouvons pas dire qu'il en soit ainsi de toute la controverse relative à la compétence en matière de délimitation du domaine public. Mais il y a beaucoup de points unanimement admis aujourd'hui, définitivement acquis, et sur lesquels il serait superflu d'insister.

Et d'abord les pouvoirs de l'administration pour faire la délimitation ne peuvent plus être mis en question. La jurisprudence les a justifiés pendant longtemps, de 1842 à 1852, en se fondant sur le texte de la loi des 22 décembre 1789-janvier 1790 (section III, art. 2, n° 6), qui charge les administrations de département de veiller à la conservation... des rivières, chemins et autres choses communes. Ce texte, qui est encore la seule base de la jurisprudence en matière de délimitation du lit des cours d'eau navigables, est assurément un peu vague. Mais

____

1. *Annales*, 1874, n° 11, p. 269; — n° 12, p. 272.

il a été précisé et fortifié par cette considération que le rôle de l'administration, quand il s'agit de la conservation du domaine public, a un
caractère tout différent de celui qui lui appartient quand il s'agit du
domaine de l'État, par exemple des lais et relais de la mer qui ne sont
plus jamais touchés par le plus grand flot de mars. Dans le second
cas, l'administration fait un acte de propriétaire et elle est complètement justiciable des tribunaux civils. Dans le premier, elle fait un
acte de puissance publique, dans l'intérêt général ; elle exerce nécessairement une autorité. Ce principe fondamental était invoqué dès le
début de la jurisprudence, par notre savant maître, M. Boulatignier,
lorsqu'il donnait ses conclusions devant le conseil d'État sur le conflit
élevé dans l'affaire de la baie des Veys, jugé par ordonnance du
18 mars 1842. On n'a plus besoin de l'invoquer en matière de délimitation du rivage de la mer depuis la promulgation du décret, ayant
force de loi, du 21 février 1852 auquel nous avons déjà fait allusion et
qui a modifié les règles antérieurement suivies.

D'après l'article 2 de ce décret, ce sont des décrets du président de
la République rendus sous forme de règlements d'administration
publique, c'est-à-dire le conseil d'État entendu, qui déterminent les
limites de la mer. Sur tous les points du littoral de la mer, c'est le
ministre de la marine qui dirige l'instruction et fait rendre le décret
fixant les limites du rivage. Nous ne reproduisons pas les termes du
décret, afin d'en bien faire ressortir le véritable sens. Mais avant qu'un
décret fixe le littoral de la mer à l'embouchure des fleuves et rivières,
il faut qu'un autre décret fixe la limite qui sépare la mer et le fleuve
ou la rivière. Ce décret doit être rendu sur le rapport du ministre des
travaux publics. Les attributions du ministre des travaux publics
s'exercent pour toutes les eaux courantes aboutissant à la mer, quelle
que soit leur importance.

Le ministre de la marine peut confier indistinctement les opérations
préparatoires, soit aux préfets maritimes, soit aux préfets de département. Les plans sont dressés sous les ordres du préfet par des commissions composées de fonctionnaires des administrations de la marine,
de la guerre, des finances et des travaux publics, après une visite des
lieux et une enquête dans laquelle les autorités locales et les propriétaires intéressés sont entendus [1].

Quant aux préfets, le décret de 1852 leur donne des attributions
dans les termes suivants : « Les déclarations de domanialité relatives
à des portions du domaine public maritime seront faites par les pré-

____

1. Voir les détails dans la circulaire du ministère de la marine du 18 juin
1864, qui reproduit et complète les précédentes, et dans celle du 16 janvier 1882.

fets maritimes ou par ceux des départements. Leurs arrêtés déclaratifs seront visés par le ministre de la marine. »

Le ministre de la marine a indiqué plusieurs fois la pensée que ce texte donnait aux préfets le pouvoir d'intervenir, en cas d'urgence, pour faire, dans des cas isolés, ce que pouvait faire, pour une grande étendue de littoral, le président de la République avec le concours du conseil d'État. Mais plusieurs déclarations de domanialité prises en 1852, d'après les ordres du ministre, à l'égard du canal du Roi près de Martigues, de divers étangs salés du département des Bouches-du-Rhône et du canal du Grau du Lez près de Montpellier, ont été annulées, pour excès de pouvoir, par le conseil d'État [1]. En effet, pratiqué de cette façon, le pouvoir des préfets aurait absorbé et rendu inutile le pouvoir réservé au chef de l'État. Toute déclaration de domanialité implique une délimitation du domaine public, et le chef de l'État seul peut faire ces délimitations avec les garanties indiquées dans le § 1er de l'article 2 du décret de 1852.

Les pouvoirs des préfets doivent donc être bornés au droit de faire des applications partielles d'une délimitation générale résultant d'un décret.

Disons, pour en terminer à cet égard, que la délimitation par l'administration publique, qui est un acte d'autorité, est préjudicielle à tout débat devant l'autorité judiciaire. Cette règle, constamment établie par le conseil d'État, a été confirmée par une décision du tribunal des conflits du 1er mars 1873 (*Guillée*). Il n'en est pas de même pour la délimitation dans le passé, d'après cette décision, parce qu'il n'y a là qu'un intérêt domanial et non un intérêt de service public.

Elle n'est pas nécessairement préjudicielle au jugement d'une contravention pour empiètement sur le rivage de la mer. Le juge de la contravention a nécessairement le pouvoir de vérifier les faits qui constituent l'acte délictueux qu'on lui demande de réprimer [2].

Arrivons sans tarder au point important, aux effets des décrets de délimitation rendus par le président de la République. Ces décisions sont rendues, d'après le texte formel du décret-loi du 21 février 1852, sous la réserve des droits des tiers. Quel est le sens de cette réserve? Permet-elle aux riverains d'obtenir la rectification de la limite posée par le décret, s'ils prouvent qu'elle est inexacte, et d'obtenir par suite la remise en possession de leurs terrains englobés à tort dans le domaine public?

---

1. *Arr. cons.*, 19 juin 1856 (*de Gallifet*). Id. (*Agard* et *consorts*); — 7 janvier 1858 (*Agard, Vidal* et *autres*); — 28 janvier 1858 (*de Grave*).

2. *Arr. cons.*, 13 mars 1873 (*Roux*); — 27 mars 1874 (*Barlabé*); — 10 janvier 1877 (*Périer*).

Leur permet-elle du moins d'obtenir, dans ce cas, une indemnité de dépossession à défaut de la remise en possession de leurs terrains? Les autorise-t-elle, alors même que la délimitation serait reconnue exacte, à faire reconnaître et maintenir leurs droits de propriété et de possession, s'ils justifient que leurs titres leur ont attribué une portion du domaine public à une époque où le domaine public pouvait être régulièrement aliéné?

La réserve des droits des tiers entraîne, d'après la jurisprudence actuelle, toutes ces conséquences. Il importe de préciser dans quelles conditions et de signaler les points controversables.

Ce n'est pas, nous l'avons dit, sans variations que la jurisprudence du conseil d'État et celle de la cour de cassation étaient arrivées aux deux doctrines que le tribunal des conflits a réunies, en élaguant une partie de l'une et une partie de l'autre, dans ses décisions de 1873.

La jurisprudence du conseil d'État, tout en affirmant le droit, pour l'administration, de délimiter le domaine public, a pendant longtemps refusé d'admettre les recours contre les actes de délimitation [1], sauf le cas où la délimitation était faite pour le passé et non pour le présent.

Mais l'autorité judiciaire, ne voulant pas laisser sans juges les riverains qui prétendaient que leurs terrains avaient été à tort englobés dans le domaine public, s'était reconnue compétente pour apprécier, à son point de vue, l'exactitude des délimitations. Elle ne prétendait pas avoir le droit de remettre les propriétaires en possession : le principe de la séparation des pouvoirs administratif et judiciaire ne le lui permettait pas; mais elle accordait des indemnités si la délimitation lui paraissait inexacte. Cette jurisprudence avait été consacrée en 1850 par le tribunal des conflits [2]. Pour justifier sa compétence, et pour éviter le reproche d'empiéter sur le terrain de l'administration, l'autorité judiciaire avait distingué les limites administratives et les limites naturelles. A l'administration appartenait le droit de fixer les limites administratives comme elle le jugerait convenable dans l'intérêt des services publics, à l'autorité judiciaire le droit de reconnaître les limites naturelles et de liquider une indemnité, s'il y avait une différence entre ces deux limites au préjudice des riverains [3].

Ce système, légitime dans son but en présence de la jurisprudence adoptée par le conseil d'État à cette époque, avait, surtout dans ses

---

1. *Arr. Cons.*, 4 avril 1845 (*Barsalon*). — 31 mars 1847 (*Balias de Soubran*).
2. *Arr.* du 20 mai 1850 (*commune de Fizes c. l'État*).
3. Cassation, 23 mai 1849 (*Combalot*). — 20 mai 1862 (*l'État c. Perrachow*). 21 novembre 1865 (*de Hédouville*). — 14 mai 1866 (*Aurousseau*).

motifs, l'inconvénient très grave de reconnaître à l'administration un pouvoir que la loi ne lui donne pas. Nous l'avons vivement combattu dans les conclusions que nous présentions devant le conseil d'État sur l'affaire des salines de la Gaffette jugée par décret du 15 décembre 1866. L'administration n'a, en matière de rivages de la mer et de cours d'eau navigables, que le droit de conserver le domaine public, de constater les limites naturelles; elle n'a pas le droit d'acquérir et d'exproprier dans des conditions toutes différentes de celles que la loi du 3 mai 1841 a organisées.

Loin d'admettre la doctrine de l'autorité judiciaire sur cette manière d'expropriation sans garanties, le conseil d'État s'est décidé à admettre les recours contre les délimitations inexactes. Il les a accueillis d'abord avec une certaine timidité pour des cas qui semblaient exceptionnels, puis plus largement, et il a bientôt jugé, non plus pour excès de pouvoir, mais au fond, en annulant toute délimitation dont l'inexactitude lui était démontrée. Nous en avons donné plusieurs exemples en exposant les règles à suivre pour fixer les limites du rivage de la mer [1]. Nous pourrions en ajouter de plus nombreux qui se rapportent à la fixation des limites du lit des fleuves et rivières navigables [2]. La doctrine du conseil a été consacrée par les décisions du tribunal des conflits de 1873; il est inutile d'insister.

Ainsi un second point est acquis. La délimitation faite par décret peut être revisée par le conseil d'État statuant au contentieux, et le résultat de cette revision doit être la remise en possession du propriétaire si la délimitation est démontrée inexacte.

Cette revision ne doit, d'ailleurs, être demandée que lorsque le propriétaire est atteint directement dans ses droits. Les délimitations de la mer à l'embouchure des fleuves, qui ne sont qu'une opération préliminaire de la délimitation du rivage de la mer, ne peuvent être attaquées qu'après que le décret qui fixe les limites du littoral et de la propriété privée a été rendu [3].

N'était-il pas logique d'aller plus loin? Du moment que le conseil d'État ouvrait aux propriétaires un recours contre les fixations de limites inexactes et leur permettait de rentrer en possession de leurs terrains, ne devait-on pas dire que ce recours, qui leur donnait la satisfaction la plus complète, était le seul possible et que l'autorité judi-

---

1. *Arr. cons.*, 27 mai 1863 (*Drillet de Lanigou*). — V. aussi 15 avril 1868 (*Salines de la Gaffette*), — 10 mars 1882 (*Duval et autres*), — 27 juin 1884 (*ville de Narbonne*).

2. *Arr. cons.*, 23 mai 1864 (*Coquart*), — 13 décembre 1866 (*Coicaud*), — 9 janvier 1868 (*Archambault*), etc. — Voir aussi 3 mars 1882 (*Amiot*).

3. *Arr. cons.*, 4 août 1876 (*Courage du Parc*).

ciaire n'avait pas le pouvoir d'infirmer indirectement la décision de l'administration en allouant des indemnités? C'est en ce sens que s'est prononcée la commission provisoire remplaçant le conseil d'État, par deux décisions sur conflit du 7 mai 1871 (*Jaboin*) et du 13 mars 1872 (*Patron*). Mais la cour de cassation résistait encore lorsque le tribunal des conflits a été appelé à trancher le débat.

La discussion a été solennelle. Nous y avons pris part. Le rapporteur était M. Mercier, appelé peu de temps après à la présidence de la cour de cassation. Le commissaire du gouvernement, M. David, défendit avec une précision et une hauteur de vues remarquables la jurisprudence du conseil d'État. Par sa décision du 11 janvier 1873 (*Paris-Labrosse*) le tribunal des conflits a consacré, sur ce dernier point, la jurisprudence de la cour de cassation. Il a jugé que les propriétaires avaient le choix entre deux voies, ou bien se pourvoir soit devant l'administration elle-même, soit devant le conseil d'État au contentieux pour obtenir la rectification des limites et la remise en possession, ou bien s'adresser à l'autorité judiciaire en réclamant une indemnité, et que l'autorité judiciaire avait le droit de reconnaître le droit de propriété invoqué devant elle, de vérifier si le terrain litigieux avait cessé, par le mouvement naturel des eaux, d'être susceptible de propriété privée, et de régler, s'il y avait lieu, une indemnité dans le cas où l'administration maintiendrait une délimitation contraire à son jugement. Cette doctrine a été confirmée par plusieurs décisions [1].

On ne peut méconnaître qu'il ne semble pas conforme au principe de la séparation des pouvoirs d'admettre l'autorité judiciaire à discuter une question résolue par l'autorité administrative, dans l'exercice de la puissance publique, et de lui reconnaître le droit de rectifier indirectement les limites contestées, par la mise en demeure d'avoir à payer une indemnité si l'administration ne restitue pas le terrain litigieux. Mais la cour de cassation répond, avec le tribunal des conflits, que les pouvoirs de l'administration doivent, d'après le texte du décret-loi du 21 février 1852, s'exercer sous la réserve des droits des tiers, réserve générale et absolue qui suppose l'exercice de la mission attribuée à l'autorité judiciaire pour trancher les questions de propriété privée, que le texte du décret de 1852 s'explique par la jurisprudence qu'avait adoptée le tribunal des conflits en 1850, et qu'il suffit à l'administration de garder la possession du terrain contesté pour l'affecter au service public.

L'administration des domaines a d'ailleurs trop souvent compromis la cause de la compétence exclusive attribuée à la juridiction adminis-

---

1. 1er mars 1873 (*Guillié*). — 27 mai 1876 (*commune de Sandouville*). — 12 mai 1883 (*Debord*).

trative en faisant voir que c'était l'intérêt du Trésor, et non celui du service public, qui inspirait certaines délimitations.

D'autre part, il n'est pas contestable (on nous l'avait objecté dans la polémique de 1869) que si le conseil d'État peut donner une satisfaction plus complète aux riverains en annulant directement la décision administrative et ordonnant la remise en possession, les recours devant le conseil ne sont recevables que dans le délai de trois mois à dater de la notification de l'acte attaqué. Au contraire, devant l'autorité judiciaire, l'action en indemnité n'est prescrite que par une durée de trente ans. Il y a là une différence considérable. Ces motifs nous ont amené à ne plus contester la jurisprudence du tribunal des conflits. Nous ne sommes pas seul à modifier notre ancienne opinion sur ce dernier point. Dans le savant ouvrage de M. Laferrière, vice-président du conseil d'État, sur *la juridiction administrative et les recours contentieux*, qui a paru au moment où nous terminions ce travail, nous avons remarqué (p. 500) des observations analogues qui le conduisent à reconnaître que la solution adoptée par le tribunal des conflits est le seul moyen de concilier les deux compétences.

L'autorité judiciaire doit-elle accorder une indemnité si elle reconnaît que la limite tracée par l'administration est exacte? A notre avis, elle ne le doit pas. La mer se fait son lit. Si l'État n'a pas contribué par des travaux au déplacement des eaux, il n'est pas responsable de leurs caprices. Le tribunal des conflits, dans sa décision du 27 mai 1876 (*commune de Sandouville*), déclare expressément que « les changements de limite qui peuvent résulter du mouvement naturel des eaux n'ouvrent aucun droit à indemnité ».

Enfin s'il était établi par les réclamants que la portion du domaine public qu'ils occupent avait été concédée ou vendue à leurs auteurs par des actes passés à une époque où le domaine public était aliénable, ou par des actes de vente de biens nationaux, ce n'est pas une indemnité de dépossession que devrait l'État. La réserve du droit des tiers conduit ici au maintien de la possession ; on s'y est mépris parfois, mais la jurisprudence relative aux étangs salés, que nous avons exposée plus haut, en fournit de nombreuses preuves. Ce cas n'a rien d'analogue avec celui d'envahissement d'une propriété privée par les eaux de la mer. Les propriétaires ne pourraient être dépossédés que par l'expropriation dans les conditions organisées par la loi du 3 mai 1841.

En somme, si la difficulté de trouver et d'appliquer les règles de la législation sur cette matière peut donner lieu à des erreurs, on voit que les propriétaires ne manquent pas de moyens de faire valoir et de faire respecter leurs droits.

TABLE DES MATIÈRES

www.ingramcontent.com/pod-product-compliance
Lightning Source LLC
LaVergne TN
LVHW010432060726
842526LV00005B/1761